R.S.
25/12/22

Loi de Benford et conjecture de Syracuse

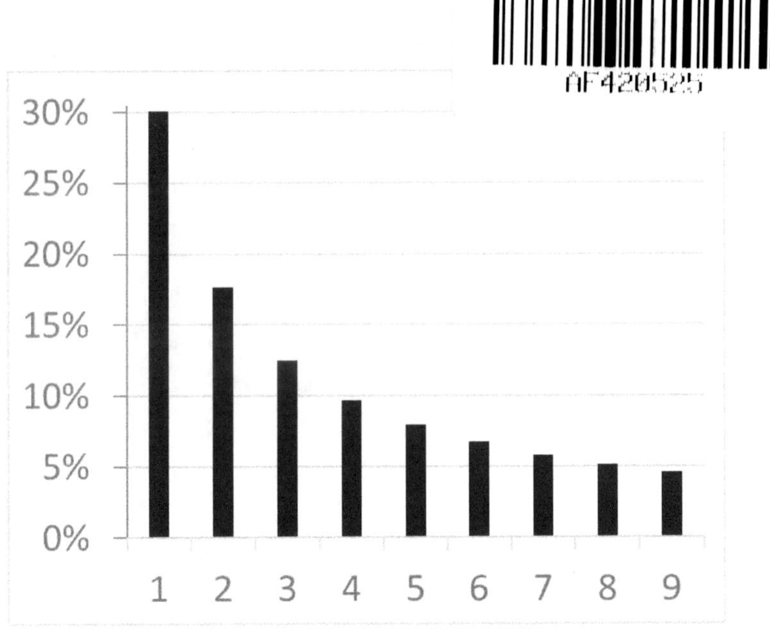

R.S.
25/12/22

Table des matières

A Amélie et Victor

LOI DE BENFORD

© 2022, RS, Paris, France.

ISBN : 9798371734211

1. Loi de Benford

La loi de Benford stipule que :

Définition 1.1 (loi de Benford) – *La proportion, que le premier chiffre c d'une liste de nombres aléatoires, vaux :*

$$P_1(c) = \log\left(1 + \frac{1}{c}\right) \text{ où } 1 \le c \le 9 \text{ et } \log(x) = \frac{\ln(x)}{\ln(10)}$$

Cette proportion n'est pas universelle mais s'applique dans beaucoup de situation comme l'ensemble des prix d'un supermarché, les notes des élèves d'une école, les PIB par pays, etc.

Aussi étonnant que cela puisse paraître, la proportion du 1er chiffre n'est pas uniforme. C'est-à-dire qu'elle ne vaut pas $\frac{1}{9} = 11{,}11\%$ pour chaque chiffre de 1 à 9. C'est contre intuitif et pourtant bien réel. Cette distribution est représentée dans la table 1.1 et le graphe 1.2.

c	$P_1(c)$
1	$\log(2) \approx 30{,}10\%$
2	$\log\left(\frac{3}{2}\right) = \log(3) - \log(2) \approx 17{,}61\%$
3	$\log\left(\frac{4}{3}\right) = 2\log(2) - \log(3) \approx 12{,}49\%$
4	$\log\left(\frac{5}{4}\right) = \log(5) - 2\log(2) \approx 9{,}69\%$
5	$\log\left(\frac{6}{5}\right) = \log(3) + \log(2) - \log(5) \approx 7{,}92\%$
6	$\log\left(\frac{7}{6}\right) = \log(7) - \log(3) - \log(2) \approx 6{,}69\%$
7	$\log\left(\frac{8}{7}\right) = 3\log(2) - \log(7) \approx 5{,}80\%$

c	$P_1(c)$
8	$\log\left(\dfrac{9}{8}\right) = 2\log(3) - 3\log(2) \approx 5{,}12\%$
9	$\log\left(\dfrac{10}{9}\right) = 1 - 2\log(3) \approx 4{,}58\%$

Table 1.1 : loi de Benford

Ce qui donne le graphe suivant :

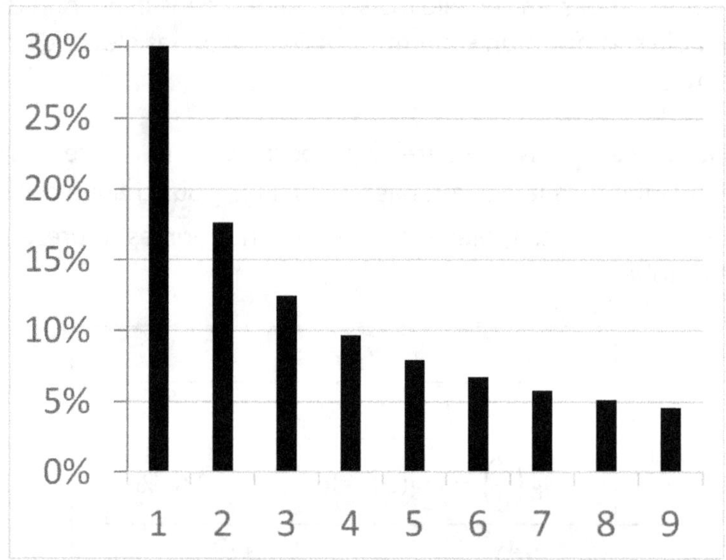

Graphe 1.2 : loi de Benford

Il existe également une généralisation de cette loi aux chiffres suivants. Soit :

Définition 1.2 (loi de Benford généralisée) – *La proportion, que le $k^{ième}$ chiffre c d'une liste de nombres aléatoires, vaux :*

$$P_k(c) = \sum_{s=10^{k-2}}^{10^{k-1}-1} \log\left(1 + \frac{1}{10s + c}\right) \text{ où } 0 \le c \le 9 \text{ et } k > 1$$

Cette proportion tend rapidement vers une loi uniforme. En effet, on est en présence de hasard de plus en plus probable et ainsi face à une loi uniforme décrivant l'équiprobabilité de $\frac{1}{10} = 10\%$ pour chacun des chiffres de 0 à 9. Le graphe 1.3 et la table 1.4 présentent cette convergence vers la loi uniforme de la proportion de chiffre c à la $k^{ième}$ position d'un nombre issue d'une liste de nombres aléatoires.

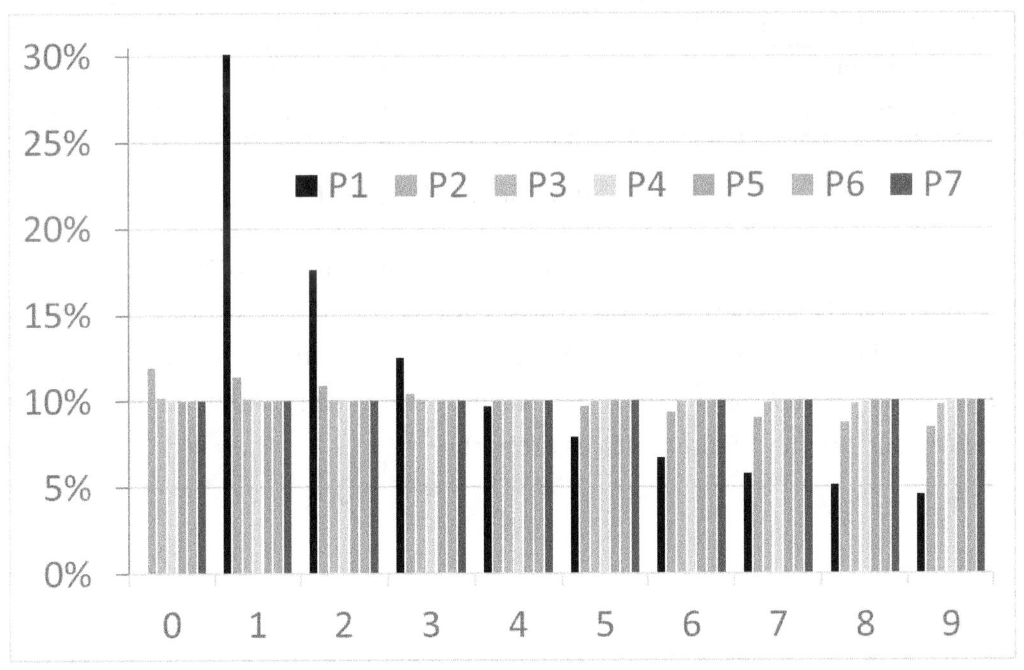

Graphe 1.3 : loi de Benford généralisée

Avec les valeurs calculées suivantes :

c	$P_1(c)$	$P_2(c)$	$P_3(c)$	$P_4(c)$	$P_5(c)$	$P_6(c)$	$P_7(c)$	Loi uniforme
0	0,000%	11,968%	10,178%	10,018%	10,002%	10,0002%	10,0000%	10%
1	30,103%	11,389%	10,138%	10,014%	10,001%	10,0001%	10,0000%	10%
2	17,609%	10,882%	10,097%	10,010%	10,001%	10,0001%	10,0000%	10%
3	12,494%	10,433%	10,057%	10,006%	10,001%	10,0001%	10,0000%	10%
4	9,691%	10,031%	10,018%	10,002%	10,000%	10,0000%	10,0000%	10%
5	7,918%	9,668%	9,979%	9,998%	10,000%	10,0000%	10,0000%	10%
6	6,695%	9,337%	9,940%	9,994%	9,999%	9,9999%	10,0000%	10%
7	5,799%	9,035%	9,902%	9,990%	9,999%	9,9999%	10,0000%	10%
8	5,115%	8,757%	9,864%	9,986%	9,999%	9,9999%	10,0000%	10%
9	4,576%	8,500%	9,827%	9,982%	9,998%	9,9998%	10,0000%	10%
Pairs	39,110%	50,975%	50,098%	50,010%	50,001%	50,000%	50,000%	50%
Impairs	60,890%	49,024%	49,902%	49,990%	49,999%	50,000%	50,000%	50%

Table 1.4 : loi de Benford généralisée

On remarque que la proportion de chiffres pairs ou impairs à la $k^{\text{ième}}$ position tend également vers la loi uniforme d'équiprobabilité de $\frac{1}{2} = 50\%$. Pour le premier chiffre il y a, par défaut dans une liste de nombres aléatoires, environ $\frac{3}{5} = 60\%$ de chiffres impairs pour $\frac{2}{5} = 40\%$ de chiffres pairs. Cela est de nouveau contre intuitif et surtout significatif. Le graphe 1.5 présente ces proportions.

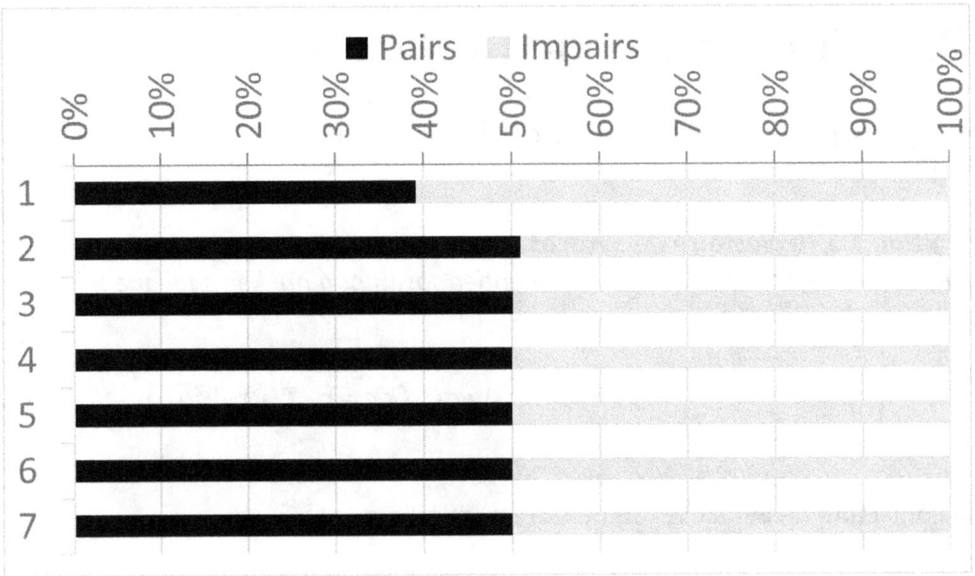

Graphe 1.5 : Parité et loi de Benford

En tenant compte de cette non-uniformité des chiffres des nombres aléatoires, on établit un modèle pour les trajectoires de Syracuse dans les chapitres suivants.

2.   Conjecture de Syracuse

Une trajectoire ou orbite de Syracuse est définie à partir de la fameuse conjecture de Syracuse, à savoir :

Définition 1.3 (trajectoire de Syracuse) – *Une trajectoire O de Syracuse consiste à appliquer la fonction $T\colon \mathbb{N}^+ \to \mathbb{N}^+$ à tout entier positif non nul k fois tel que :*

$$T(n) = \begin{cases} \dfrac{n}{2} \ si\ n\ pair \\ \dfrac{3n+1}{2} \ si\ n\ impair \end{cases} \quad où\ k\ et\ n \geq 1\ et\ O_n(k) = \{n, T(n), T^{(2)}(n), ..., T^{(k)}(n)\}$$

Et la conjecture de Syracuse (ou de Collatz) stipule que :

Conjecture de Syracuse 1.4 – *Toute trajectoire de Syracuse converge vers l'unité au bout d'un certain rang $k : \exists k \geq 1$ tel que $T^{(k)}(n) = 1$ pour tout $n \geq 1$.*

Corolaire de Syracuse 1.5 – *Toute trajectoire de Syracuse décroit au bout d'un certain rang $k : \exists k \geq 1$ tel que $T^{(k)}(n) < n$ pour tout $n > 1$.*

La convergence heuristique des trajectoires de Syracuse parait établie. En effet, en moyenne on aura à priori n multiplié une fois sur deux par $\frac{1}{2}$ et autant par environ $\frac{3}{2}$. Ce qui donne un facteur moyen multiplicateur à chaque étape de $\frac{3}{4} < 1$ et donc décroissant. De plus, les trajectoires tomberont forcément sur des nombres avec :

- 1 chance sur 2, pairs ;
- 1 chance sur 4, multiples de 4 ;
- 1 chance sur 8, multiples de 8 ;
- ...
- 1 chance sur 2^N, multiples de 2^N.

Soit l'approximation décroissante suivante :

$$\frac{T^{(k)}(n)}{n} \approx \left(\frac{3}{2}\right)^{\frac{1}{2}} \left(\frac{3}{4}\right)^{\frac{1}{4}} \cdots \left(\frac{3}{2^N}\right)^{\frac{1}{2^N}} = \frac{3}{4} < 1$$

Là aussi, la décroissance parait établie. Mais cela est une approche trop simplifiée du problème. Ainsi, à priori la conjecture est vraie et aucun contre-exemple n'a été trouvé. Regardons avec la loi de Benford si on peut extraire des informations supplémentaires et en tirer de nouvelles propriétés.

3. Trajectoire de Syracuse et loi de Benford

En tenant compte de cette non-uniformité des chiffres des nombres aléatoires, on établit un modèle pour les trajectoires de Syracuse. On pose préalablement :

$$\begin{cases} k = \lfloor \log(n) \rfloor + 1 = nombre\ de\ chiffres\ de\ n \\ I_k = \displaystyle\sum_{c=0}^{4} P_k(2c+1) = Proportion\ des\ chiffres\ impairs\ \grave{a}\ la\ k^{i\grave{e}me}\ position \\ 1 - I_k = \displaystyle\sum_{c=0}^{4} P_k(2c) = Proportion\ des\ chiffres\ pairs\ \grave{a}\ la\ k^{i\grave{e}me}\ position \end{cases}$$

Ainsi, on considère la proportion de parité de l'unité de n selon son nombre de chiffres. La parité n'est ainsi jamais paire (ou impaire) mais en partie paire (ou impaire). La trajectoire de Syracuse comporte deux facteurs selon sa parité. On pose donc :

$$T(n) = \left\lceil \frac{n}{2}(1 - I_k) + \frac{3n+1}{2} I_k \right\rceil = \left\lceil \left(\frac{1}{2} + I_k\right) n + \frac{I_k}{2} \right\rceil\ o\grave{u}\ 0 \leq I_k \leq 1$$

On a choisi ici de majorer les itérations impaires pour considérer un modèle le plus défavorable à la décroissance selon nos hypothèses. Ainsi, lorsque n comporte peu de chiffres, il sera plus probablement impair. Et lorsque n comporte au moins cinq chiffres, il sera autant pair qu'impair. De plus, selon nos observations précédentes, on a :

$$I_k = \{60{,}890\%;\ 49{,}024\%;\ 49{,}902\%;\ 49{,}990\%;\ 49{,}999\%;\ 50\%;\ \ldots;\ 50\%\}$$

$$\rightarrow I_2 < I_3 < I_4 < I_5 < I_c = \frac{1}{2} < I_1\ pour\ tout\ c > 5$$

On a donc :

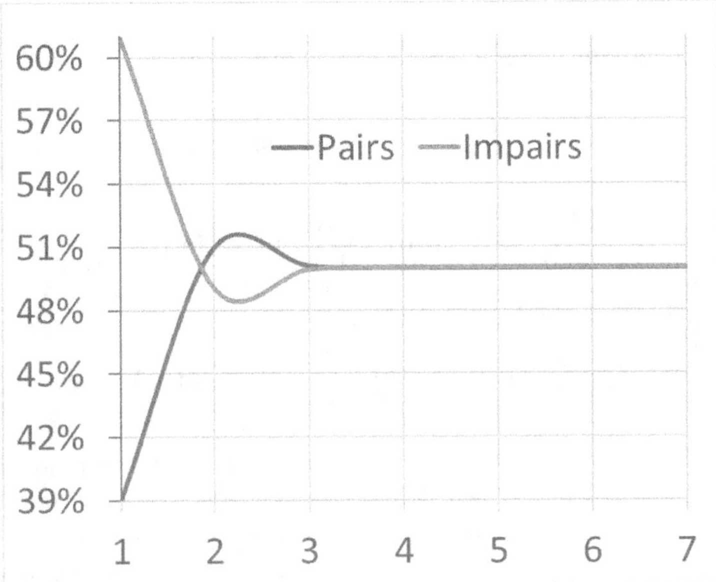

Graphe 1.6 : proportion des chiffres pairs/impairs à la $k^{ième}$ position

On a ainsi :

$$T(n) = \begin{cases} \left\lceil \dfrac{13n+4}{10} \right\rceil = \left\lceil n + \dfrac{1}{4} + 3\,\dfrac{2n+1}{20} \right\rceil & si\ n < 10\ car\ k = 1 \rightarrow I_k \approx \dfrac{4}{5} \\[3ex] \left\lceil \dfrac{198n+49}{200} \right\rceil = \left\lceil n + \dfrac{1}{4} - \dfrac{2n-1}{200} \right\rceil & si\ 10 \le n < 100 \rightarrow I_k \approx \dfrac{49}{100} \\[3ex] \left\lceil n + \dfrac{1}{4} \right\rceil & si\ n \ge 1000 \rightarrow I_k \approx \dfrac{1}{2} \end{cases}$$

Ou pourrait alors croire que la trajectoire de Syracuse diverge puisqu'elle diverge pour les valeurs de $n < 10$ (facteur multiplicateur de $\dfrac{13}{10} = 1{,}3 > 1$), puis qu'elle converge lentement pour $n < 100$ (facteur multiplicateur de $\dfrac{198}{200} = 0{,}98 < 1$) et enfin qu'elle diverge très lentement pour $n \ge 1\,000$ (facteur multiplicateur de 1 avec un ajout d'¼). Or, il n'en est rien. La trajectoire converge car une étape paire coupe n en deux mais rien n'indique qu'une étape impaire n'est pas suivie d'une étape paire qui diminue alors n. Regarder une étape ne suffit pas. C'est toute la trajectoire qui compte.

On remarque également qu'on a la forme suivante :

$$I_k = \frac{1}{2} + e^{-ak} \sin(bk)$$

Avec :

$$\begin{cases} I_1 = \dfrac{50}{100} + e^{-a}\sin(b) = \dfrac{61}{100} \rightarrow e^{-a}\sin(b) = \dfrac{11}{100} \\[2mm] I_2 = \dfrac{50}{100} + e^{-2a}\sin(2b) = \dfrac{49}{100} \rightarrow e^{-2a}\sin(2b) = -\dfrac{1}{100} \\[2mm] I_5 = \dfrac{1}{2} + e^{-5a}\sin(5b) = \dfrac{1}{2} \rightarrow e^{-5a}\sin(5b) = 0 \end{cases}$$

Ainsi, un nombre de départ supérieure à 10 000, a 50% d'étapes paires et autant d'impaires. Cela engendre une décroissance **(1)**. On descend donc forcément à une étape en dessous de 10 000. Là, la loi de Benford stipule que les étapes sont légèrement en faveur des pairs **(2)**. On est alors encore en décroissance mais plus forte jusqu'à atteindre un nombre à un seul chiffre. Là, on applique une étape impaire systématiquement jusqu'à atteindre la dizaine puis redescendre de nouveau à une unité et ainsi de suite jusqu'à tomber sur le chiffre 1 **(3)**. Soit :

$$\text{(1). } n_1 > 10^5 \rightarrow T^{(k_1)}(n_1) \approx \left(\frac{1}{2}\right)^{\frac{k_1}{2}} \left(\frac{3}{2}\right)^{\frac{k_1}{2}} n_1 = \underbrace{\left(\frac{3}{4}\right)}_{\substack{<1 \; donc \\ décroissance}}^{k_1} n_1 < 10^5$$

Et :

$$k_1 < \frac{\ln\left(\frac{n_1}{10^5}\right)}{\ln\left(\frac{4}{3}\right)}$$

$$\text{(2). } 10 < n_2 = T^{(k_1)}(n_1) < 10^5 \rightarrow T^{(k_2)}(n_2) \approx \underbrace{\left(\frac{1}{2}\right)}_{\substack{<1 \; donc \; forte \\ décroissance}}^{k_2} n_2 < 10$$

Et :

$$k_2 < \frac{\ln\left(\frac{n_2}{10}\right)}{\ln(2)}$$

Soit :

$$Comme\ n_2 < 10^5 \rightarrow k_2 < 4\frac{\ln(10)}{\ln(2)} \approx 13{,}288 \rightarrow 13\ \text{étapes maximum.}$$

$$(3).\ 0 < n_3 = T^{(k_2)}(n_2) < 10 \rightarrow T^{(k_3)}(n_3) \approx \underbrace{\left(\frac{3}{4}\right)}_{\substack{<1\ donc \\ décroissance}}^{\ k_3} n_3 \approx 1$$

Et :

$$k_3 \approx \frac{\ln(n_3)}{\ln\left(\frac{4}{3}\right)}$$

Soit :

$$Comme\ n_3 < 10 \rightarrow k_3 < \frac{\ln(10)}{2\ln(2) - \ln(3)} \approx 8{,}004 \rightarrow 8\ \text{étapes maximum.}$$

En définitif, on a une durée de vol moyenne d'au plus :

$$T^{(k)}(n) = 1 \rightarrow \begin{cases} k = k_3 < 8\ si\ n < 10 \\ k = k_2 + k_3 < 13 + 8 = 21\ si\ 10 < n < 10^5 \\ k = k_1 + k_2 + k_3 < \dfrac{\ln\left(\frac{n}{10^5}\right)}{\ln\left(\frac{4}{3}\right)} + 21\ si\ n > 10^5 \end{cases}$$

Par exemple, pour :

$$n < 10 \rightarrow \begin{cases} n = 1 \rightarrow k = 0 \\ n = 2 \rightarrow k = 1 \\ n = 3 \rightarrow k = 5 \\ n = 4 \rightarrow k = 2 \\ n = 5 \rightarrow k = 4 \\ n = 6 \rightarrow k = 6 \\ n = 7 \rightarrow k = 11 \\ n = 8 \rightarrow k = 3 \\ n = 9 \rightarrow k = 13 \end{cases} \rightarrow k_{moy} = \frac{45}{9} = 5 < 8\ \text{étapes}$$

Et pour :

$$n = 10^{10} \rightarrow k < 5\frac{\ln(10)}{\ln\left(\frac{4}{3}\right)} + 21 = 61\ \text{étapes pour atteindre}\ T^{(k)}(n) = 1$$

Ou bien :

$$n = 10^{100} \rightarrow k < 95\,\frac{\ln(10)}{\ln\left(\frac{4}{3}\right)} + 21 = 781 \ \textit{étapes pour atteindre } T^{(k)}(n) = 1$$

On conjecture donc que pour que la loi de Benford appliquée à la conjecture de Syracuse soit garantie, il faut que la conjecture de Syracuse soit vraie car en nombres finis d'étapes jusqu'à atteindre l'unité.

4. Loi de Benford en base 3

La loi de Benford existe dans toutes les bases. Et la base 3 nous parait ici particulièrement intéressante. En effet, on a, par définition :

$$P_3(c) = \ln_3\left(1 + \frac{1}{c}\right) \text{ où } 1 \leq c \leq 2 \rightarrow \begin{cases} P_3(1) = \ln_3(2) \approx 63\% \\ P_3(2) = 1 - \ln_3(2) \approx 37\% \end{cases}$$

Or, $P_3(1)$ correspond à la proportion maximum d'itérations impaires en moyenne d'un vol pour décroitre, et ainsi pouvoir atteindre 1. Et, $P_3(2)$ correspond à la proportion minimum d'itérations paires en moyenne d'un vol pour décroitre puisque :

$$Si \left(\frac{1}{2}\right)^{k-m} \left(\frac{3}{2}\right)^m < 1 \rightarrow 3^m < 2^k \rightarrow \frac{m}{k} < \ln_3(2) \approx 63\%$$

$$Et \ \frac{k-m}{k} = 1 - \frac{m}{k} > 1 - \ln_3(2) \approx 37\%$$

$$\text{où} \begin{cases} k = nombre\ total\ d'itérations\ d'un\ vol\ pour\ atteindre\ 1 \\ - \\ m = nombre\ total\ d'itérations\ impaires\ d'un\ vol \\ - \\ k - m = nombre\ total\ d'itérations\ paires\ d'un\ vol \end{cases}$$

Ainsi, la loi de Benford en base 3 coïncide parfaitement avec le comportement moyen de la fonction de Syracuse. Comment expliquer cela ? D'autant que la parité est relative à l'unité d'un nombre (chiffre le plus à droite) alors que la loi de Benford s'applique au premier chiffre d'un nombre (celui le plus à gauche).

L'ensemble des nombres à $c > 1$ chiffres en base 3 contient autant de nombres commençant par 1 que par 2. Par exemple avec l'ensemble à deux chiffres, on en a trois de chaque : {10 ; 11 ; 12} avec 1 et {20 ; 21 ; 22} avec 2. De plus, ce même ensemble contient autant de nombres pairs qu'impairs. Avec le même exemple, on en a de nouveau trois de chaque : {11 ; 20 ; 22} pairs et {10 ; 12 ; 21} impairs. On a donc toujours pour tout ensemble de nombres à $c > 1$ chiffres en base 3 autant de nombres commençant par 1 que par 2 que de nombres pairs qu'impairs. Mais cela ne résout pas la coïncidence entre la proportion de 1 et de 2 en tête de nombre en base 3 et la proportion de parité de la fonction de Syracuse.

On a donc :

$$T(n) = \frac{n}{2}(P_3(2) + \varepsilon) + \frac{3n+1}{2}(P_3(1) - \varepsilon) \ avec \ \underbrace{P_3(2) + \varepsilon}_{\substack{proportion \\ d'itérations \\ paires}} + \underbrace{P_3(1) - \varepsilon}_{\substack{proportion \\ d'itérations \\ impaires}} = 100\%$$

Soit au choix :

$$T(n) = \begin{cases} \frac{1}{2}\Big((3 + 2P_3(2))n + 1 + P_3(2) - (2n+1)\varepsilon\Big) \\ \frac{1}{2}\Big((1 + 2P_3(1))n + P_3(1) - (2n+1)\varepsilon\Big) \end{cases}$$

Cela ne permet pas de conclure si la loi de Benford est garantie sous cette forme.

5.   Références

[1]. fr.wikipedia.org/wiki/Loi_de_Benford
[2]. fr.wikipedia.org/wiki/Conjecture_de_Syracuse

6.   Conclusions

La loi de Benford s'applique à d'innombrables circonstances et événements. Ne pas l'observer recèle même de tricherie, voire fraude en comptabilité d'entreprise par exemple.

La conjecture de Syracuse ne contredit pas la loi de Benford mais il est délicat de la révéler en plein jour. En effet, les trajectoires, aussi chaotiques soient elles, doivent suivre la loi de Benford. Mais trouver une explication précise reste indéterminé. Cela ne pourrait pas prouver cette fameuse conjecture. Mais nous la comprendrions surement bien mieux.

Une étape après l'autre, les mathématiques avancent par petits pas. Des briques élémentaires les unes sur les autres, qui font un tout universel et complet. Il manque beaucoup de ces briques, et notre modèle actuel est truffé de trous dont on ne connait ni l'existence ni la profondeur. Contribuer à ce grand édifice de la science et du savoir est un honneur et un devoir pour chacun et pour toute l'humanité depuis des siècles maintenant. Ou cela nous mènera-t-il ? Des progrès, une meilleure qualité de vie, mais encore ? Comprendre la nature dans son ensemble c'est comprendre qui nous sommes réellement et d'où nous venons. Ce chemin est long et probablement sans fin. Mais sa quête est inévitable. Alors, mettons-nous en quête sur les traces de nos illustres ancêtres.

LOI DE BENFORD

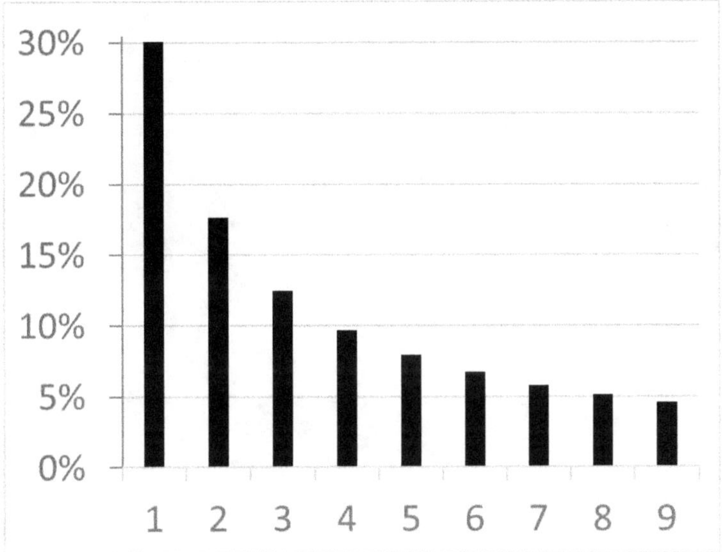

LOI DE BENFORD

LOI DE BENFORD

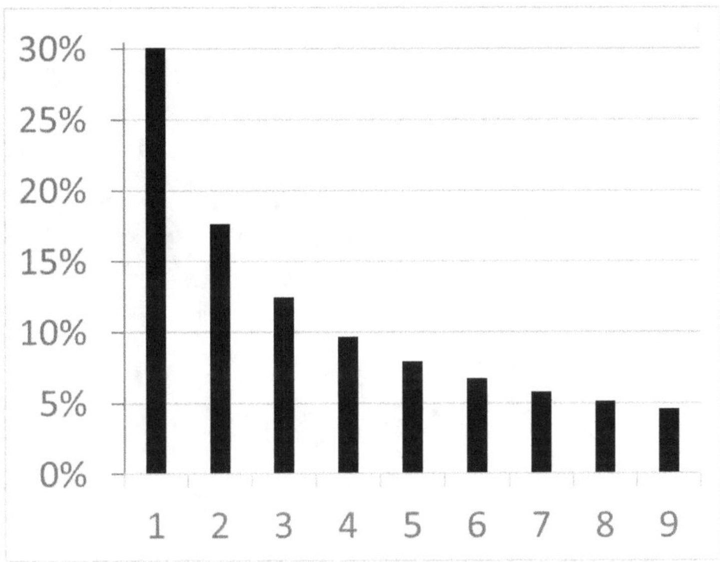